コンパニオンバード 編集部

インコへの愛が
ギューッと深まる「あるある」

うちのインコ

はじめに

「インコあるある」とは、「あるある！」と
思わず共感してしまう、インコにまつわる話のこと。
インコは人間の言葉を話すことができたり、
理解することができたりするとてもかしこい鳥です。
人間のそばでコミュニケーションをとればとるほど、
人間に似た細やかな表情やしぐさを見せてくれます。
そんなインコの魅力をたくさんの人と共有したくて、
この本には「あ〜うちのコもこういうことするする！」と
言えそうなネタを１５０本、掲載しました。
写真を見て癒されるもよし、大笑いするもよし、
ほかのコはこんなことができるの!?　と
うちのコに試してみるもよし。
みなさまの楽しいインコライフをお手伝いできたら幸いです。

うちのインコ | Contents

Chapter 3

あるある度

3つ……けっこうあるある

2つ……まずまずあるある

1つ……わりとあるある

Chapter 1

インコあるある

インコが家でよくやりがちな話を集めました。
インコにも個性はそれぞれあるけれど、
「あーこれよくやるよね!」ってことは意外に多いものです。
毎日のリアルなあるあるネタに、
おおいにうなずいてください。

Uchi no Inco

インコあるある
Inco-aruaru

1 家の中の一番いい場所にケージが陣取っている。

ケージは、直射日光が当たらない明るい場所で、朝晩の気温差が少なく、エアコンの風が直接当たらないところに置かなきゃ……などと言っていると、部屋の一番いい場所に陣取ることに。人間は、いつもはじっこにこじんまりといることになります。

［あるある度 🐤🐤］

2 新鮮な野菜はインコに、あまりは私に（泣）。

できるだけ無農薬の新鮮な野菜を用意して、一番いい部分をインコにあげます。それなのにプイッと向こうを向いて食べてくれないのはなぜ？？？　仕方なく余った部分やしおれちゃったやつを、人間がいただいているのです。十分おいしいんだけどなぁ。

［あるある度］

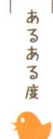

インコ あるある
Inco-aruaru

3 穴を見ると、ついつい頭を突っ込んでみたくなる。

狭いところが大好きなインコは、穴も大好き。顔を突っ込んでみたり、くちばしでカジカジしてみたり、通り抜けようとしてみたり……。トイレットペーパーの芯やペットボトルの飲み口も大好物です。

［あるある度］

インコあるある
Inco-aruaru

4 水浴びの後は、何故か甘えん坊になる。

大好きな水浴びをしたあとは、心細くなるのか分かりませんが、やたらと甘えてきます。人間で言うと夏にプールに入って、ちょっとけだるくなった夕方みたいな感じかしら……と勝手に妄想するのでした。

［あるある度］

インコあるある
Inco-aruaru

5

引き出しが気になって気になって仕方がない。

引き出しやちょっとしたすき間は、インコの大好物。のぞかせてもらえるものなら、いつまでものぞいてます。小さいものが入っていたら、一目散にいたずらします。狭ければ狭いほど、気になってしょうがないんだよね。

「あるある度」

インコ あるある
Inco-aruaru

6

覚えてほしい言葉は覚えない。「まじっすか」みたいな、どうでもいい口癖を覚える。

必死にインコの前で繰り返す、覚えてほしい言葉ほど覚えてくれないもの。反対に、インコには話しかけていない人間同士の会話や口癖みたいなものは真っ先に覚えて、絶妙なタイミングで披露するのです。

［あるある度］

インコ あるある
Inco-aruaru

7

自分に注目してほしいときは大声を出す。

ほかのペットや子どものお世話をしていると、気に入らないのか「私を見て」と大声でアピール。その声のバカでかいことといったら……。はいはい、次に行きますよ。

［あるある度］

インコ あるある
Inco-aruaru

8

パソコンのキーボードのボタンを剥がされる。

やってはいけないことは分かっているのに、分かったうえでいたずらをするのが、破壊王インコの特徴。「こら〜」と言われると、逃亡してこちらの様子をうかがいます。

［あるある度］

気もちい～

インコあるある Inco-aruaru

9

台所で水浴びするのが好き。

水浴びをするとき、なぜか人間の手に乗って、台所の水道から水をジャーっと出して、流水を浴びるコも。滝行のようですが、修行のわりには楽しそうです。終わった後は、びしょ濡れの羽をばたつかせて飛んでくるので、こちらもびしょ濡れです。

［あるある度 ●○○］

インコあるある
Inco-aruaru

10

うちのコがこんな言葉覚えたの！と自慢しようとしたらしゃべってくれない。

「聞いて、すごいんだよ」って遊びに来た友達に自慢しようとしたときに限って、しゃべりません。ついさっきまであんなに言ってたのに！

［あるある度］

インコあるある
Inco-aruaru

11

と思ったら、どうでもいい言葉を話し出して笑われる。

あきらめかけて友達と話し始めたとたん、大声でぺらぺらと話し出すインコ。自分に注目されなくなったことにあせって、声がどんどん大きくなります。

［あるある度］

インコあるある
Inco-aruaru

12 一緒にいるインコとよくけんかをする。

さっきまで仲良しだったのに、急に羽を広げておどしたり、つついたりするようになることも。「けんかするほど仲が良い」とは言いますが、そっぽをむいて「ツーン」としているふたり（二羽）をみると、早く素直になれよーと思ってしまいます。

［あるある度］

インコあるある
Inco-aruaru

13 と思ったらすぐに仲直りをしていた。

［あるある度］

けんかをする↓微妙な距離をとり、お互い探りあう↓じりじりと近寄る↓急に寄り添い、くちばしでチュッ。いつも仲直りするパターンは同じです。やっぱり仲良しさんはほほえましいのです。

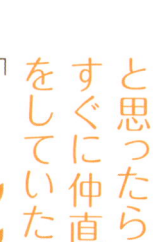

インコあるある

Inco-aruaru

14 ケージの入り口を巧妙に開ける脱走犯。

くちばしを上手に使って、入り口を上に押し上げ、スルリとすばやく抜け出す、脱走術を見せるインコたち。入り口に洗濯ばさみをはさんでも、ちょっとずつちょっとずつ押し上げて出てしまうコも。お困りごとではありますが、そのあざやかな手口はあっぱれです。

［あるある度］

15

インコあるある
Inco-aruaru

気がついたらケージの外にいてビックリ。

ふと見たときに、ケージの外におすまし顔で立っているインコ。見つけたときはびっくりして「あれ、さっきまで中にいたよね？いたよね？」などと何回も話しかけてしまいます。

［あるある度 🐤🐤🐤］

おもちゃで激しく遊びすぎて疲れる。

気に入ったおもちゃは激しくがしゃがしゃ襲いまくって、ストレス発散。かじり系のおもちゃはすぐぼろぼろになり、鈴の付いてるおもちゃは鳴りつづけ、ブランコではアクロバットを披露して、最後にはお疲れモードです。

［あるある度］

16

17

インコあるある

Inco-aruaru

嫌いなおもちゃはくちばしで投げ飛ばす。

もしかしたら好きなのかもしれませんが、いつも投げ飛ばしているおもちゃは決まっています。「くえー!」と雄たけびを上げながら、なげつけられるおもちゃたちは毎日インコのために耐え忍んでいるのです。

あるある度

インコあるある
Inco-aruaru

18

家中の小物やガラス類を落下させまくる。

棚に置いてあるものは、インコにとっては落とすべきもの。写真たて、置物、リモコンなど少しずつずらして落としていきます。全部落とせたときの満足げな顔が、憎たらしいような、かわいいような。

［あるある度 🐤🐤🐤］

そのまま押して
オッケー

インコ あるある Inco-aruaru

19 いい場所は譲らない。

居心地のいい場所を見つけたら、絶対にそこから動かない。うらやましくなって、ほかのコがよってきても絶対に譲らない。でも、すごく居心地よさそうにしているから、いつまでもウロウロ順番待ちです。

［あるある度］

インコ あるある Inco-aruaru

20 コルクが大好き♪ カジカジ……

鳥さんはコルクなどかじる系のおもちゃが大好き。カミ心地がいいのか、どっしり腰を落ち着けてひたすらカジカジ。激しくカジカジ、のんびりカジカジ。遊んだあとはケージの中が大変なことになりますが、そんなに好きなら、カジカジさせてあげましょう。

［あるある度］

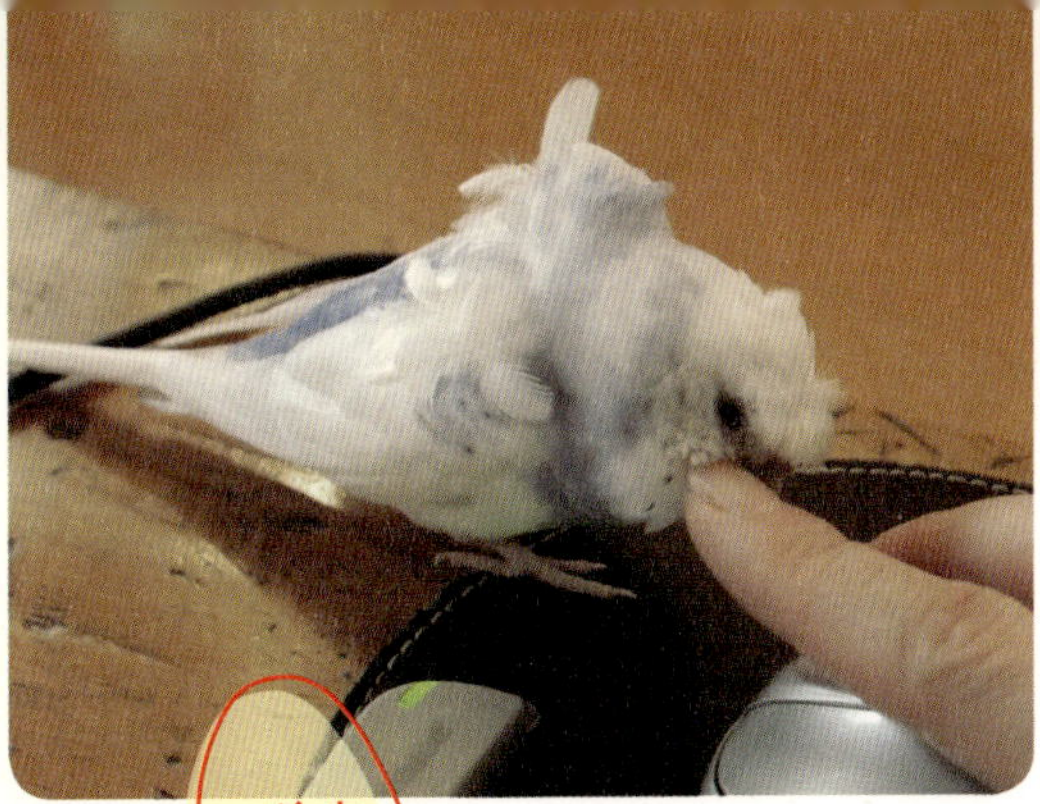

インコあるある
Inco-aruaru

カキカキしてもらいたくて、自分から頭を押し付けてくる。

21

忙しいときに限って、ふと見ると、かいて〜かいて〜とおねだりアピール。カキカキしてあげると、うっとりトローリ顔。でも、かき方がちょっとでも気に入らないと目を三角にして怒り出し「違う！そこじゃない！」とアピール。

［あるある度］

インコあるある
Inco-aruaru

鏡大好き、自分大好き。

22

何でインコって、こんなに鏡が好きなんでしょう。鏡の前に一度立つと、呼びかけようが触ろうが、まったく相手をしてくれません。じっと見つめたり、自分をアピールしてみたり、「かわいいねぇ」とつぶやいてみたり!? すごいナルシストっぷりです。

［あるある度］

インコあるある
Inco-aruaru

頭かくして尾羽かくさず。見えてますよ。

23

無理やりケージに入れようとしたときは、「いやだ、まだ入らないもんね！」と怒ってすねて物かげにかくれます。頭はかくれてるけど、尾羽はバッチリ見えてますからね。

あるある度

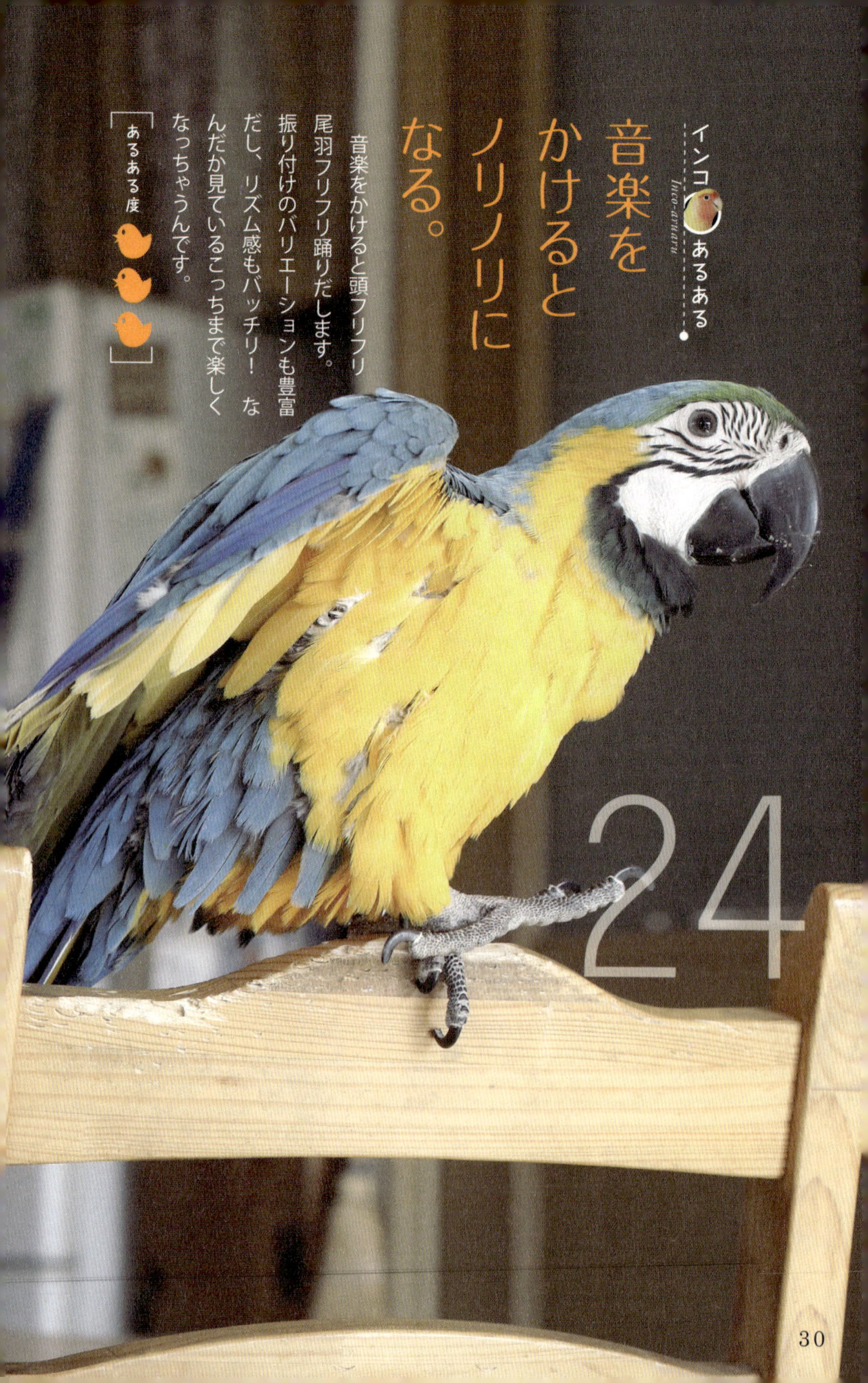

インコあるある
inco-aruaru

音楽をかけるとノリノリになる。

音楽をかけると頭フリフリ尾羽フリフリ踊りだします。振り付けのバリエーションも豊富だし、リズム感もバッチリ！　なんだか見ているこっちまで楽しくなっちゃうんです。

［あるある度］

24

インコあるある Inco-aruaru

おとなしいときほど、こっそり悪さをしている。

25

「あれ、おとなしいな。どこいった?」と思ったときは、たいていいたずらをしているとき。壁紙をベリベリはがしていたり、柱をガリガリと夢中で削っていたり、すごい集中力で悪さをしているんです。

［あるある度］

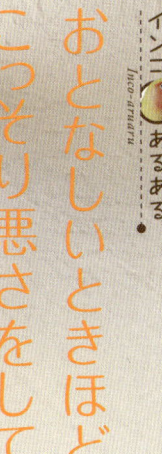

インコ あるある
Inco-aruaru

ときどき止まり木からずり落ちる。

26

人間がいねむりをしてコクリコクリと舟をこぐのと同じで、インコも止まり木に止まりながら寝ているときなどに、ズルッと足をすべらせることがあります。ちょっとあわてるけど、またいねむりをしちゃうのです。

［あるある度］

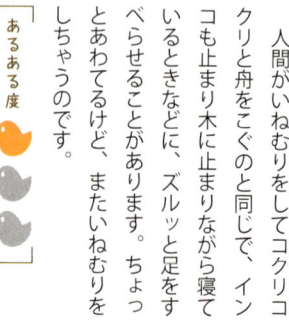

あら、見てたのね

27

インコあるある Inco-aruaru

すぐ逃げるけれど、自分から戻ってくる。

油断して少しでも窓やドアが開いていようものなら、飛び出してしまうコも多数。ほとんどのコが早く戻りたいと思っているはずなので意外と近くに潜んでいて、すぐに戻ってくることも多いです。でも、ひやっとしないためにもすき間を作らないよう注意ですね。

［あるある度 ●●○］

28

インコあるある Inco-aruaru

別の家のコがいきなり部屋に入ってくることがある。

家を飛び出して帰れなくなってしまったコは、人を頼って民家へ逃げ込むそうです。インコがいるお家には、よく逃げこんでくるなんて情報も。インコ好きの人間のいるところが、迷いインコも分かるんですね。

［あるある度 ●○○］

29

インコあるある Inco-aruaru

部屋内に放つと行方不明になる。

どこかのすき間に入ってしまったり、行ったことのないところに来てしまったりするとインコはびっくりしすぎて、声も出せず、動けなくなってしまうことがあります。そんなときはあわてず、洗濯機や冷蔵庫の裏など、ふだん見ないすき間も探してみましょう。

［あるある度 ●○○］

インコあるある
Inco-aruaru

30

タンスの上など、部屋の一番高いところにポジションを取ったときはドヤ顔。

部屋の中の高い位置に止まって、飼い主を見下ろすときのあの顔といったら！　優越感に浸っていないで、早く下りてきてくださいな。

［あるある度 🐤🐤🐤］

インコあるある
Inco-aruaru

31

家具に止まったあとにはほぼフンをされている。

鳥さんはトイレトレーニングができないので、どこでフンをされても怒ってはいけません。が、タンスの上など取りづらいところに止まったときに限ってやたらとフンをするような……？

［あるある度 🐤🐤🐤］

ホント忙しいぜ
まったくだ

インコあるある
Inco-aruaru

みんなで協力していたずらをしている。

32

「おれ、こっち壊しとくわ。そっちお願い」「おう、まかしとけ」って会話をしているのか分かりませんが、絶妙な連係プレーであっちのものを落とし、こっちのものを壊し……そういう一致団結はしなくていいから！

［あるある度］

インコあるある
Inco-aruaru

33

おどろくと目がまん丸になる。

びっくりしたときの表情は、人間もインコも同じです。目を真ん丸くして、じっと一瞬固まり、そのうち首を伸ばしたり、きょろきょろしたり。特にまん丸お目めは、胸キュンポイントです。

あるある度

インコあるある
Inco-aruaru

34 うれしいときは軽くステップを踏む。

ほめられたときや、おいしいものを食べたときなど、ご機嫌なときはステップを踏んで喜びます。それを見るとこっちまで、踊りたくなっちゃうんですよね。

［あるある度］

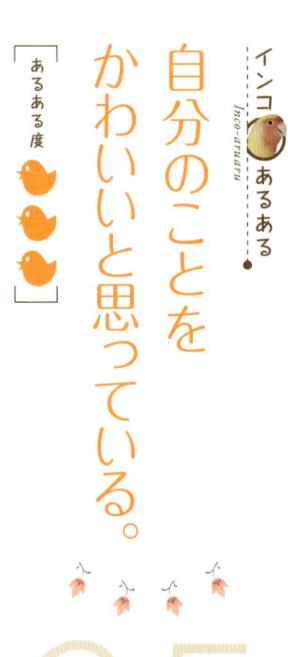

インコあるある

Inco-aruaru

自分のことをかわいいと思っている。

あるある度

35

かわいすぎて
ごめんね♡

インコあるある Inco-aruaru

36 爪を切ろうとするときはケージから絶対に出ない。

爪切りを嫌がるのは重々承知。なので、悟られないようにそっとケージから出そうとするのですが、なんだかいつもと違う空気を感じるのか、外になかなか出てくれません。こちらも緊張しているからそれが伝わっちゃうのかな。

［あるある度］

インコあるある Inco-aruaru

37 病院にいくときもケージから絶対に出ない。

病院にいくときも「一緒にあそぼー」などとごまかしつつ声をかけるけれど、外に出てきません。こっそりキャリーを出したのを悟られてしまったのでしょうか。

［あるある度］

インコ あるある
Inco-aruaru

38

「飼い主はおいしいものをくれたりなでたりするために存在している」と思っている。

「いつもニコニコおいしいものをくれたり、手を差し伸べたり、掃除をしてくれたりするこの人間は、あたしのお世話をしたくてしょうがないんだな」と必ず上から目線。飼い主がメロメロになっているのが、確実にばれていると思われます。

［あるある度］

インコ あるある
Inco-aruaru

39

ケージの中ではおっとりドンくさいのに、部屋に放したとたんすばしっこい。

一見ケージの中でおとなしくしているコでも、いざ放鳥してみると、そのすばしっこさとアクティブさにはびっくりさせられてしまうのです。

［あるある度］

インコ あるある
Inco-aruaru

40

気持ちいいと顔が膨らむ。

機嫌がいいときや気持ちいいときに顔をプーッとフグのように膨らませます。怒ったときはからだ全体を膨らませるので、どんな気持ちでいるのかすぐに分かります。あ、これ飼い主にしか見せないポーズですけどね。

［あるある度］

インコあるある
Inco-aruaru

人間に勝手に返事をする。

お客さんが来たときに「あんただれー?」、宅配便の人に「はーい!」、友達が来たときに「ばーか」など。声も飼い主に似せているから、間違えられることも多数。

あるある度

41

42

インコあるある
Inco-aruaru

エサを食べるとき、3分の1は下に落としている。

自分の好きなエサを探す、ただ単に遊んでいるだけ、このエサはまずいから食べたくない、飼い主の注意を引きたい。理由はいろいろありそうですが、落とされるとエサももったいないし、掃除も大変です。

あるある度

43

インコあるある
Inco-aruaru

寝言を言う。

何を言っているのか良く分からないけれど、ひとりでぶつぶつゴニョゴニョ言っているとき、それは寝言です。よく聞いていると「おはよ!」など、覚えた言葉を復習したり、とりとめもなくベラベラとしゃべったりするコも。

あるある度

44

おどろいたときは別人（鳥）のような体型になる。

もふっとした丸い体型もかわいいけれど、真夏やびっくりしたときにほっそりした姿もかわいい。人間もこんな風にすぐに体型変えられたらいいんだけどな。

「あるある度」

インコあるある

Inco-aruaru

好きな食べ物に対する夢中度はすごい。

45

好物の食べ物をケージに入れると飛びついて大喜び。まず蹴飛ばし、ちぎり、振り回したあと、シャリシャリ食べては蹴飛ばし、ちぎり……とエンドレスに楽しめるのです。

あるある度

インコあるある
Inco-aruaru

胸をもわっと広げる。

46

ふと見ると胸をはっていて、毛並みの良い気持ち良さそうな部分があらわに。さわりたい！ と思って近づくと、びっくりするくらいしぼんで細くなってしまうので、いまだにさわれたことはありません。

あるある度

インコ　あるある

Inco-aruaru

水浴びは周囲がびしゃびしゃの大惨事になる。

水浴びするのはいいんですが、羽を広げて豪快に水浴びされるとあたり一面水びたし。まわりに飛び散った水をせっせせっせと拭いているのに、今度は飛んで上からバッサバッサと雨ふらし。あのー、掃除大変なんでやめてもらえます？

［あるある度］

ケケケケ

インコあるある
Inco-aruaru

48 あくどい顔をしていることがある。

いつもかわいらしいのに、何か絶対に悪いことをたくらんでいるように見えるときがあります。けっこう鋭い目つきに、ビクッとしてしまうのです。

［あるある度］

インコあるある
Inco-aruaru

49

ほめられると芸をする。

お調子者のインコさんは、エンターテイナー。ほめられて注目されると、得意げな満面の笑顔で、芸を見せてくれます。

［あるある度］

飼い主より、歌が上手だ。

ものまねが得意な人は歌がうまいとよく言いますが、ものまね上手のインコさんは歌が大好き。最近は、歌唱レベルがアップしてきたのでみんなに自慢しようと動画撮影にいそしむ毎日なのです。

［あるある度］

50

インコあるある
Inco-aruaru

写真を撮られるのが大好き。

カメラを取り出すと近寄ってきて「あたしを撮って!」と猛アピール。どこで覚えたのかかわいらしいポーズを取って、カメラ目線ではい、チーズ。近寄りすぎてくちばししか写っていないことも……。

「あるある度 🐤🐤🐤」

51

インコあるある
Inco-aruaru

遊びたいおもちゃを飼い主のところに持ってくる。

「このおもちゃで遊びたい」と要求がはっきりしているときは、おもちゃ持参でやってきます。お気に入りのおもちゃで遊んでいる間って、恋人同士のように幸せムードがほんわか漂います。

［あるある度］

インコあるある Inco-aruaru

53

あきらめかけた頃に突然猛烈な勢いでしゃべりだす。

言葉を覚えてほしくて必死に話しかけているときはツーンとそっぽを向いているくせに、あきらめて違うことをしだすとせきを切ったように話し出します。とにかく自分にかまってほしいのです。

［あるある度］

インコあるある Inco-aruaru

54

車に乗ると乗り物酔いする。

旅行や帰省など、長く家を留守にするときは一緒にお出かけしたいもの。でも、中型以上のコは車に酔うこともあるので、長時間ドライブは途中で休憩を入れるなど気を付けないといけません。

［あるある度］

55

インコあるある
Inco-aruaru

鼻の穴が赤くなる。

インコも風邪をひきますし、風邪をひくと鼻がつまります。鼻が気になって自分の爪でガリガリしたり、こすりつけたりして赤くなるコもいます。興奮して鼻を赤くするコもいます。ちょっとかわいそうだけど、かわいい姿です。

［あるある度］

56

インコあるある
Inco-aruaru

ティッシュペーパーの先をカミカミする。

ティッシュペーパーの箱から出ている部分をくちばしでかんだり、引っ張り出したり、ちぎったり。赤ちゃんとインコはこういうものが大好きです。

［あるある度］

インコあるある
Inco-aruaru

57

実は飼い主の帰りが待ち遠しくて仕方ない。

「あるある度」

Chapter 2

飼い主あるある

インコ飼いはインコを中心に毎日を過ごしています。
そしてインコに愛されたいがために、
ついつい尽くしてしまう傾向にあります。インコのツンデレに
振り回される姿に、思い当たるふし
あるあるの嵐です。

Uchi no Inco

BIRD

インコあるある
Inco-aruaru

58

鳥さん専門店に行くとテンションMAXに！

一般的なペットショップにも多少は置いてあるけれど、鳥さん専門店に行けば充実の品揃え。ごはんやおもちゃ、ケージなどをついつい買いすぎた後は、売っている鳥さんたちをジーッとながめて長居するのがお決まりコース。

あるある度

【鳥さん専門店】
鳥さんや鳥さん用品を専門に扱うショップ。鳥さんに詳しい店員が多く、飼い主たちの交流の場にもなっている。

インコあるある
Inco-aruaru

59

「インコがいるから旅行もいけなくてさー」とうれしそうに言う。

誰かが旅行の話などをすると、必ずインコの飼い主が言うのがこのセリフ。インコが泊まれる宿ももちろんチェック済みです。

あるある度

インコあるある
Inco-aruaru

インコの首振りに合わせて自分も首を振っていた。

ウキウキご機嫌がいいときに、インコは首を上下に振ります。その様子があんまりにも楽しそうで、ついつい自分も一緒に首を振ってしまうのです。

あるある度

帆を上げろ〜！

インコあるある
Inco-aruaru

61

海賊船の船長のように肩乗りインコにしたいが、なかなかうまくいかない。

[あるある度]

62 かじられて家や家具がボロボロになっている。

家や家具をかじるのは、インコの仕事のようなもの。あっちをカジカジ、こっちをカジカジ、毎日少しずつ、でも確実に破壊していきます。これが使命とばかりに、いきいきと仕事にまい進しているインコを、飼い主はため息混じりに見つめるしかないのです。

［あるある度］

お仕事、お仕事

63

インコあるある
Inco-aruaru

顔をモミモミするのが大好きだ。

ときどき顔を自分の足でモミモミマッサージしてるコを見かけます。飼い主もどうしてもモミモミしたくなって、やめろと拒否されるまでやらせてもらいます。

「あるある度」

インコあるある
Inco-aruaru

64 唇にチュウされたことがある。

顔を近づけてたわむれていたら、唇をじっと見つめてツンツン。動くものに興味があるだけかもしれませんが、ここは愛情表現だと信じましょう。

「あるある度」

インコあるある

Inco-aruaru

遅く起きても
いい日でも
インコの鳴き声で
目が覚める。

65

規則正しい生活をしているインコは、とても早起き。さえずりならともかく、「ピーちゃん、かわいい！」みたいなおしゃべりや目覚まし時計のアラームをそっくりそのままコピーしちゃったなんてこともあるみたい。でもとにかく、毎日幸せな目覚めなのです。

あるある度

インコあるある
Inco-aruaru

66

家計簿に「インコ費」の欄がある。

インコのおもちゃを見ては買い、鳥さんの雑誌を見ては買い。日々インコにかける金額は増すばかり。「エー、こんなにするの?」なんて言いながら、迷わず絶対に買っちゃうんだよな。

［あるある度］

けっこう
かかるね

インコあるある Inco-aruaru

67

メガネのつるによくぶら下がられる。

メガネをかけている人は、なぜかインコに気に入られます。メガネの細いつるを危なっかしく歩いたり、ぶら下がったりしてみることがとても楽しいから。完全におもちゃだと思われています。

あるある度

インコあるある Inco-aruaru

68

言葉が分かる翻訳機があればいいのに、と思う。

愛鳥の気持ちは分かっているつもりだけれど、全然何考えているんだか分かんないな〜と思う日も。インコの言葉が分かる翻訳機があったら、あれを聞いてみたい、これも……と妄想する日々。

あるある度

69

インコあるある Inco-aruaru

仲良く一緒に戯《たわむ》れていたら、突然猛烈につつかれた。

仲良くコミュニケーションをとっていたはずなのに、急にわがまま女子のような心変わり。それでも、彼女（彼）のご機嫌を一生懸命とり続けるのが、飼い主ってものです。

あるある度

70

インコあるある Inco-aruaru

仕事用のかばんにインコのおもちゃが入っていた。

インコは袋やすき間に何かを隠すのが大好き。おもちゃをこっそりかばんの中に隠しては飼い主の反応をうかがっているのです。会社で変な人と思われないよう、こっそりしまっておきましょう。

あるある度

71

インコあるある Inco-aruaru

次の日はかばんの中にフンが入っていた。

と思ったら、今度はフンが……。これはやめてほしいなぁ～とつぶやきつつ、乾燥したフンをつまんで捨てるのでした。

あるある度

インコあるある
Inco-aruaru

72

飼っているウサギとインコが仲良しなのが自慢だ。

ウサギとインコを一緒に飼っている人は多いもの。適度に距離をとりつつ、いつもほんわか二人で仲良しなことに、とっても癒される毎日なのです。

あるある度

インコあるある

Inco-aruaru

洋服の中にもぐられて中のほうに入ってしまい、あせる。

73

インコさんはもぐるのが大好き。タオルの中や狭い隙間にもぐるのはいいんだけど、洋服の中にもぐられて、おなかのほうに行ってしまったときは一苦労。ま、もぐられるとうれしいんですけど。

あるある度

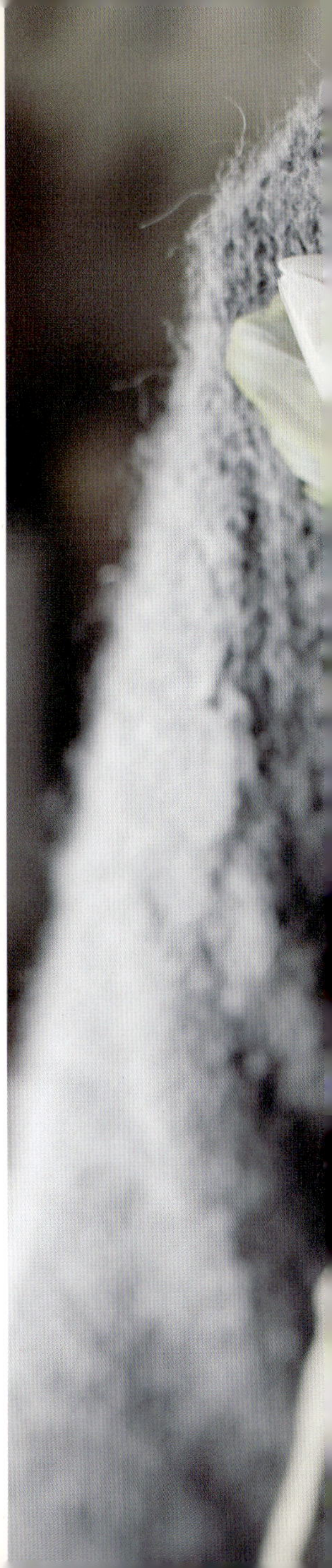

インコあるある Inco-aruaru

74 オスだと思って育てていたインコが卵をうんだ！

鳥さんはオス・メスの判断が難しく、どちらか分からないことも。オスだと思ってかっこいい名前をつけていたら、ある日ポトリと卵をうんで、飼い主はびっくりしてしまうのです。

［あるある度］

インコあるある Inco-aruaru

75 インコからすり寄って来たのに、なでたらかみつかれる。

向こうから「なでて～」とやってきたくせに、なでている途中でがぶり。微妙に位置がずれると嫌みたいです。

［あるある度］

インコあるある Inco-aruaru

76 すごい大声で呼ばれるのであわてて駆けつける。

甲高い大きな声で鳴くので、「どうした!? 何かあった？」と急いで駆けつけると、特に何もない。戻って見えなくなるとまた大声で呼ばれます。呼び鳴きの声は、まるで子どもがママを呼んでいるみたい。

［あるある度］

【呼び鳴き】
飼い主に自分のところに来てほしくて、大きな声で鳴くこと。

インコあるある Inco-aruaru

77 手乗りのしつけで、皮がむけるほど人差し指をかまれた。

インコを飼う醍醐味といえば、やっぱり手乗りインコになってもらうこと。自分の人差し指にとまる姿を夢見て、指を差し出すも、インコには無視されるばかり……。それでも、しつこくトライするとかまれてしまうのでした。

［あるある度］

インコあるある Inco-aruaru

78 つける名前は「ピーちゃん」率が高い。

P

小鳥といえば「ピーちゃん」。よくある名前ではあるけれど、人間も鳥も「パピプペポ」は言いやすくおぼえやすいという説もあるので、理にかなった名前なのです。

［あるある度］

インコあるある Inco-aruaru

79 二羽目は「キューちゃん」。

Q

Pの次がQだから。そんな理由で「キューちゃん」です。九官鳥ではなく、インコですが何か？

［あるある度］

インコあるある

Inco-aruaru

80

気がつくとのぞかれている。

なんだか視線を感じて振り向くと、そこには物かげからじっとこちらを見つめるインコさん。「家政婦は見た」ばりのジトッとした目つきに、恐れおののく毎日なのです。

あるある度

ご主人様が
あんなことを
しているなんて……

81

インコあるある Inco-aruaru

頭にのせるとたいがいフンをされる。

家の中で、「お父さんの頭にはよくとまるよね」みたいなのありませんか？ 悲しいかな、これってインコに下に見られているということらしいです……。そして、頭にのったときにフンをされるのもよくあること。とりあえず、居心地がいいんだと解釈しておきましょう。

あるある度

82

インコあるある Inco-aruaru

飛んでいるインコを見上げているとフンを顔にかけられる。

お部屋で飛んでいるインコの姿をおさめようと、ビデオを回したり写真を撮ったりしていると、フンをかけられる、という悲しい経験も。あまりしつこく付きまとうのは、やめたほうがいいかも！

あるある度

83

インコあるある Inco-aruaru

友達を家に呼ぶときはフンが落ちていないかチェックする。

ふと気づくと部屋のいろんなところでフンを発見する日々。インコ好きの友達だとしても、フンは発見されたくないので。

あるある度

84

インコあるある Inco-aruaru

ほかの種類のインコも飼いたくなってしまう。

同じインコでも、その種類によって性格や行動はさまざまです。それぞれの種類で得意なことが違って、魅力もさまざま。ショップに行くたび、あのコもかわいい、このコもかわいいとうっとりしてしまうのです。

あるある度

85

インコ あるある
Inco-aruaru

インコの泣き声のものまねを練習したことがある。

一発芸として、どこかで披露できるかな？ と思い、もっか練習中。インコ飼い以外にうけるかは分かりませんが。

あるある度

86

インコ あるある
Inco-aruaru

酉年の年賀状作りには気合が入る。

酉年は、かわいいウチの子をみんなに見せびらかす絶好のチャンス。ありったけの知恵と情熱を注ぎこんで、力作を作ります。

あるある度

87

インコ あるある
Inco-aruaru

とはいっても、結局毎年年賀状にはインコの写真を入れている。

でも、よく考えると毎年うちのコの写真は必ず年賀状に入れています。だって、かわいいんだもーん。

あるある度

88

インコ あるある
Inco-aruaru

呼び鳴きのシャウトがあまりにも大きくてビクビクする。

寂しいときや人間の姿が見えないときに、鳴く「呼び鳴き」。高くて通るでかい声で鳴くので、近所迷惑にならないかとちょっとドキドキ。でも、呼ばれるとちょっとうれしくなったりして。

あるある度

インコあるある

Inco-aruaru

インコグッズがあるとついつい買ってしまう。

89

文房具やアクセサリー、ぬいぐるみ・フィギュアなど、探すと結構出てくるインコグッズ。見るたびに買ってしまうので、お金はかかるし、お部屋の中はインコグッズでいっぱいに。でも、見ているだけで幸せな気持ちになるからOKだよね。

「あるある度」

買いすぎデス

90

インコあるある
Inco-aruaru

オカメパニックが起きると自分もちょっとパニックに。

オカメインコがびっくりするとケージの中でも弾丸のように飛びまわります。早く落ち着かせたいし、怪我をしないか心配で、こちらもパニックになりそう。でも落ち着いてやさしく声をかけてあげましょう。

［あるある度］

【オカメパニック】
大人しく繊細な性格のオカメインコが、地震がおきたり、突然大きい物音がしたりするとすごい勢いで飛び回ること。

インコあるある
Inco-aruaru

91 上手に爪を切れる人には尊敬のまなざし。

長いこと一緒に生活してもなかなか慣れないのが、爪切り。暴れるし、押さえつけるわけにもいかないし、どうしても上達しないのです。

［あるある度］

マブダチ

92

インコあるある
Inco-aruaru

オス同士なのに仲良し。

男の子同士なのに、いつもぴったりくっついて仲良し。けんかするよりはいいですが、あまりのラブラブっぷりに、一抹の不安を抱いてしまう飼い主なのでした。

［あるある度］

インコあるある
Inco-aruaru

93

“ニギコロ”できたときは至福の幸せ。

手の上でコロンと転がって、おなかを見せる“ニギコロ”。無防備なしぐさと、普段とは違うアングルからみるつぶらな瞳がかわいすぎてキュンキュンしちゃいます。信頼関係がないとやってくれないといわれるしぐさだけに、やってくれたときのうれしさはなおさらです。

【ニギコロ】
インコを手のひらに乗せたとき、おなかを上に出してコロンと転がるようす。また、ゆらゆら転がして遊ぶこと。

あるある度

インコ あるある
Inco-aruaru

インコの物まねがうますぎて、聞き分けできない。

レンジが〝チーン〟という前にインコに「チーン」と言われて、レンジの扉を開けてしまったり、電話の着信音を真似されて電話に出てしまったり。芸達者のいたずらに、振り回される毎日です。

あるある度 94

インコあるある
Inco-aruaru

95

手塚治虫の『七色インコ』に出てこないのでがっかりしたことがある。

タイトルに『インコ』とついているのでまっさきに手にとってみたけれど、読んでみると鳥のインコが出てくるわけじゃないんだ～とちょっと期待はずれに思ってしまいました。お話は面白いし、インコの絵が入った名刺にもあこがれますけれど。

［あるある度］

インコあるある
Inco-aruaru

96

インコのえさをこっそり食べたことがある。

あんまりおいしそうに食べるから、もしくは食べてくれないから、ちょっとこわごわ自ら味見をしてみることに……。人間にとってはおいしいわけではないけど、有機野菜などをつかっていて、からだには良さそう!?

［あるある度］

インコあるある
Inco-aruaru

97

スマホを持っているととまられる。

その厚みがとまりやすいのか、いつも持っているから嫉妬しているのか、スマートホンを持っているとさっと飛んできます。そして、イヤホンジャックをわしづかみ、アンテナをカジカジ……高かったんだから、壊さないでほしいのですが。

［あるある度］

98

インコあるある
Inco-aruaru

ドライヤーをあてて楽しむ。

インコさんは風好きです。水浴びのあとや人間のお風呂あがりなど、ドライヤーで遊ぶと楽しいんです。くちばしを大きく開けて風を受けるコ、羽や尾羽を広げて全身で風を感じるコ、変顔をするコ。その姿が見たくて、今日も軽くドライヤーをあててしまうのです。

あるある度

99

インコあるある
Inco-aruaru

マグカップにダイブされたことがある。

インコさんを部屋に出すとき、要注意なのがマグカップ。コーヒーを飲んでいようが、コーンスープを飲んでいようが、なぜかマグカップに直滑降。飼い主の飲んでいるものが何か、すごく興味があるのです。

あるある度

100

インコあるある
Inco-aruaru

ケージから出したその手にフンをされる。

ケージから出て、お互い「さあ、遊ぶぞ～」と力んだ瞬間にポト。君の家でしてきてくれよ！ といいたい気持ちをグッとこらえて、今日も手をフキフキ遊ぶのです。

あるある度

「インコを飼っている」と聞くだけで仲良くなれる気がする。

インコ飼いに、そうしょっちゅうは出会えません。偶然、話の中でインコ飼いだということが判明すると、お互いうれしくなって話がはずみ、すぐに仲良くなれちゃうんです。

「あるある度」

101

インコあるある
Inco-aruaru

親ばかですな

102

よそのインコをほめながら、実は「うちのコのほうがかわいい」と内心思っている。

どのうちのインコもかわいいです。でも、やっぱり「うちのコがいちばん!」と思っています。

「あるある度」

103

インコあるある
Inco-aruaru

毎日写真を撮りすぎて、写真が上手になってきた。

あるある度

104

インコあるある
Inco-aruaru

インコとたくさんふれあえた日はいいことがある気がする。

あるある度

105

インコあるある
Inco-aruaru

インコの絵がやたらと上手に描ける。

あるある度

106

インコあるある
Inco-aruaru

夢にインコがよく出てくる。

あるある度

107

インコあるある
Inco-aruaru

人の顔を見ると「この人セキセイ顔だな」とか思ってしまう。

あるある度

108

インコあるある
Inco-aruaru

友達の性格を「コザクラタイプ」「オカメタイプ」などと分けてしまう。

あるある度

109

インコあるある
Inco-aruaru

Tシャツを洗ったら、インコがかんであけた穴を発見した。

あるある度

110

インコあるある
Inco-aruaru

ご長寿インコを見ると、心からエールを送りたくなる。

あるある度

111

インコ Inco-aruaru あるある

首を伸ばすと意外に長い。

ふだんはもふっとしているのに、ふとしたときに伸ばす首が異様に長い。身長が1.5倍くらいに伸びます。

あるある度

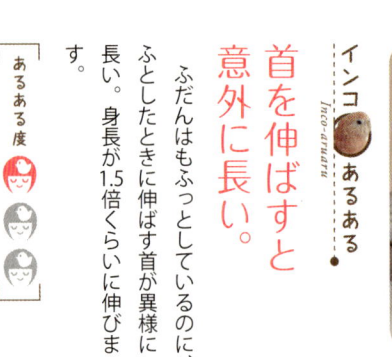

112

インコ Inco-aruaru あるある

足を伸ばすとけっこう長い。

足を伸ばしたところを「ももひき」と呼びます。普段は隠しているので、見えたときはなんとなくうれしい瞬間。

あるある度

113

インコ Inco-aruaru あるある

私はインコにとって「2番目の女」。

インコは好きな人間をランク付けする生き物といわれています。家族の中で自分よりも好かれている人がいたら、それは悲しいかな2番目（3番目、4番目）であるということ。愛されていることには間違いないので、落ち込まないでくださいね。

あるある度

114

インコあるある Inco-aruaru

コーンフレークを奪われたことがある。

食事中にテレビを見ていたり、誰かと話したりしていてよそ見していた隙に、コーンフレークをさっと横取りされます。お菓子のかすや揚げ物のカリカリしたところ、焼いた食パンの耳、ポテトチップスなどもやつらに取られがちな食べ物です。

［あるある度］

115

インコあるある Inco-aruaru

近づいたときに飛びつかれるとうれしい。

ケージに近づいたときに、止まり木からケージの枠に飛びつかれたときは、きずなの深さを感じてきゅんとするもの。ほかの人が近づいてもしないとなれば、私にだけなのね、とこっそりガッツポーズをしちゃいます。

［あるある度］

Chapter 3

ディープあるある

インコ飼いは、インコたちを愛し、
楽しく触れ合っているだけ。
でも、「好き」という気持ちを分かってほしいがあまり、
ついエスカレートした行動をとってしまうのです。
ココまできたら、ディープなインコライフ
楽しんじゃいましょう。

Uchi no Inco

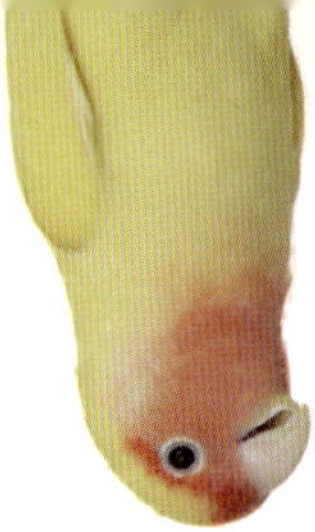

インコあるある
Inco-aruaru

116

インコに話しかけるときは赤ちゃん語。

普段は会社でクールなキャラの人でも、インコには赤ちゃん語でちゅよ。

［あるある度 ●○○］

インコあるある
Inco-aruaru

117

酉年生まれの人がうらやましい。

なぜなら、お守りなどが鳥のイラストだったりするから。インコグッズを集めるものとしては、うらやましい限りです。

［あるある度 ●○○］

インコあるある
Inco-aruaru

118

インコブロガーさんとのやり取りに毎日忙しい。

インコブログを読むのは、何よりの楽しみ。仕事中もこっそり新しい記事が更新されていないかチェックしてしまいます。

［あるある度 ●●○］

インコあるある
Inco-aruaru

119

インコが好きな野菜ばかり食べている。

インコが食べられない野菜はあまり買わないし、インコが好物の野菜は常備しています。

あるある度

インコあるある
Inco-aruaru

120

初めて見たインコの飼育用品には興味津々。

新商品やお友達の家で見たグッズなどは、必ず使い心地を確認したくなります。

あるある度

インコあるある
Inco-aruaru

121

インコが来てから家具の裏なども掃除するようになった。

フンが落ちていたり、ホコリで汚いところに止まってほしくなかったりするので、タンスの上や家具のすき間もていねいに掃除します。

あるある度

インコあるある
Inco-aruaru

122

抜けた羽を
何かに使える気がして
捨てられない。

［あるある度］

インコあるある
Inco-aruaru

123

インコとたわむれるために
有給休暇をとったことがある。

［あるある度］

インコあるある
Inco-aruaru

124

だらだらしているときほど
寄ってきてくれる気がして、
いつもだらだらしている。

［あるある度］

インコあるある
Inco-aruaru

125

インコの魅力について
朝まで語ったことがある。

［あるある度］

126

インコあるある Inco-aruaru

寝ていたときにインコに死んでいると勘違いされて、必死に起こされたことがある。

［あるある度］

127

インコあるある Inco-aruaru

トイレに行くときもついてこられるのが、うれしい。

［あるある度］

128

インコあるある Inco-aruaru

読んでいる本や新聞の上にインコが乗ってきても気にせず読み続けられる。

［あるある度］

129

インコあるある Inco-aruaru

パソコンのキーボードの上をインコが走り回っていてもよけながら字が打てる。

［あるある度］

野菜を見るとウチのインコが食べるか食べないかに分けてしまう。

130

そのコによって好きな野菜は違います。「ピーちゃんはこれが好き、キューちゃんはあれが好き……」とそれぞれの好みも全部覚えています。

［あるある度］

インコあるある
Inco-aruaru

携帯電話で「い」と入れると予測変換の一番上に「インコ」と出てくる。

131

毎日出てくる会話といえば、まずインコさんのこと。メールでもうちのコ自慢ばかりしているから、使用頻度もトップクラスです。

［あるある度］

オレの話ばかり
するなよ
インコ
ABC

132

インコあるある
Inco-aruaru

右肩と左肩の間を行き来されるのが好きだ。

［あるある度］

133

インコあるある
Inco-aruaru

一日中インコのことばかり考えている。

［あるある度］

134

インコあるある
Inco-aruaru

インコに話しかけるとき、自分のことを「ママ」と呼ぶ。

［あるある度］

135

インコあるある
Inco-aruaru

恋人よりインコの考えていることのほうが分かる。

［あるある度］

インコあるある
Inco-aruaru

136

インコのために家を改築したり、部屋の模様替えをしたりしたことがある。

［あるある度］

インコあるある
Inco-aruaru

137

インコが歌うフシギな歌を、つい口ずさんでしまう。

［あるある度］

インコあるある
Inco-aruaru

138

携帯の待ち受け画面はもちろんインコだ。

［あるある度］

インコあるある
Inco-aruaru

139

会社のパソコンの壁紙ももちろんインコだ。

［あるある度］

なでられると うっとりしてしまうインコに、 うっとりしてしまう。

140

なでてあげると、目を閉じて全身で気持ちよさをモフモフ満喫している感じがたまらず、自分もうっとり。自分がなでられるよりも、なでられているインコを見ているほうが気持ちいい気がします。

［あるある度］

インコあるある

Inco-aruaru

141

ベッドの上にフンをされても気にしないことにした。

ふわふわシーツの上をインコがテクテク歩く様子は、とろけそうなくらいかわいいものです。でも、ふと見ると、フンを発見！　なんてことも。でも、ダメと言いたくないので、換えのシーツをたくさん用意しておくことにしました。

あるある度

インコあるある Inco-aruaru

142 インコ臭を思わず嗅いでしまう。

疲れて帰ってきても、ひとたびインコからほんわかと漂うあの匂いをかぐと、癒される～ということで、毎日頭や背中に顔をうずめてクンクンクン。お日さまにたっぷり当てたお布団に、ボフッと体をうずめたような……とにかく無防備な香りですよね。

［あるある度］

【インコ臭】
インコの体臭。干草や干した布団、バターと似た匂いと言う人も。

インコあるある Inco-aruaru

143 インコ臭の香水が気になっている。

インコ臭マニアが大勢いる証明に、なんと「インコ臭香水」なるものが販売されています。何種類か発売されていますが、最新作はその名も「インコ臭～魅惑の背中～」。その香りは「フラワーノートがインコの表情のように華やかに、次にミルクやキャラメル、バニラの甘い誘惑が、そしてついに、太陽を浴びた後の、あの干し草の様なインコの背中の香りが、あなたを優しく包み込みます」だそうです。

［あるある度］

インコビーズアクセサリー
「OKAMEN75」と
香りの魔法～LA FORCE～の
コラボ企画。詳細は
http://laforce.cart.fc2.com/ca14/29/p-r14-s/

144

インコあるある
Inco-aruaru

ダメと分かっていても、口移しでおやつをあげたことがある。

つがいが仲良く口移しでえさをあげているのを見て、ついつい真似したくなり、口にくわえたえさを差し出したことが。いや、ダメなんですけどね。

［あるある度］

145

インコあるある
Inco-aruaru

うちのコの鳴き声を聞き分けられる。

何羽かいっせいにさえずっていても、うちのコの声は分かります。ちなみに、どんなことを訴えたくて鳴いているのかも分かっています。

［あるある度］

146

インコあるある
Inco-aruaru

インコと離れたくなくてなかなか出かけられない。

「ピーちゃん、いってきます」「ピー」「ほらほら、もう出かけなきゃ」「ピーピー」みたいな会話を必ず繰り返してから、後ろ髪引かれる思いで出かけていきます。

［あるある度］

インコあるある
Inco-aruaru

インコカフェや鳥カフェに足しげくかよっている。

147

あるある度

インコあるある
Inco-aruaru

三度の飯よりインコと遊ぶのが好きだ。

148

あるある度

インコあるある
Inco-aruaru

インコ写真が多すぎて、整理が追いつかない。

149

あるある度

インコあるある
Inco-aruaru

寝顔がかわいくて夜に何度もケージをのぞいてしまう。

150

あるある度

インコないない

「インコあるある」に
たっぷり共感していただいたところで、
最後に「インコないない」をお送りします。
インコに対する代表的な誤解を、
「ないない！」と叫んで
吹き飛ばしてしまいましょう。

インコないない
Inco-nainai

1

インコは3歩歩くと忘れる。

ニワトリは3歩歩くと忘れる、とは言いますが、鳥は意外と記憶力のよい動物です。特に、好奇心が強くて人懐っこい性格のインコは、飼い主のことをよく覚えています。また、おしゃべりをするインコは、一度覚えた言葉を長い間忘れずにくり返します。変な言葉はくれぐれも教えないようにしましょう。

インコ✕ないない
Inco-nainai

2

インコは目が悪い。

薄暗いと見えないことを「鳥目」と言うので、鳥は目があまりよくないと思われていますが、実はインコには、人間と同等の暗視視力があります。つまり、薄暗くても人間と同じくらいは見えています。鳥は本来飛んでいるときにエサを見つけるのでとても目がいいんです。特にカラフルなインコは、人間よりも色彩判別能力があるという説もあります。

インコ✕ないない
Inco-nainai

3

インコは耳が聞こえない。

鳥の耳は、顔の両側にいきなり耳の穴があります。ふだん羽根で隠れているので、耳がないと思っている人もいます。でも、実は人間の何倍もの音量で聞こえています。インコは、数ブロック先の車の音でも聞き分けるという説もあります。セキセイインコなどは誰かが帰ってくるのを、人間が聞き分ける10秒前には聞き分けるそうです。そのため、ちょっとした音で怖がることもあります。

オウム

インコ

インコ✕ないない
Inco-nainai

インコとオウムは全く違う鳥。

インコとオウムは、オウム目の中の「オウム科」「インコ科」「ヒインコ科」に分類されます。ややこしいのは、モモイロインコやオカメインコはオウム科です。スミレコンゴウインコはインコ科ですが見た目がかなりオウムっぽいです。最近の研究ではさまざまな議論が行われており、確定的な分類はないのが実情のようです。

4

インコないない
Inco-nainai

5 青い鳥はいない。

かの有名なチルチルとミチルの『青い鳥』。兄と妹は、幸福を招くという青い鳥を求めていろいろな国に旅に出かけます。しかし、結局どこにいっても青い鳥を捕まえることができずに家に帰ってきます。この話から、青い鳥っていないと思われがちです。でも、セキセイインコの青い鳥は、けっして珍しい鳥ではありません。幸せを運んでくれることは間違いないですけどね。

インコないない
Inco-nainai

6 インコは寒さに強い。

スズメやカラスは外で暮らしているし、鳥だから寒さに強いよね？　と思われがちですが、家庭内で飼育されている鳥類の多くは、寒さや夏の暑さには弱い生き物です。ベランダなどの外にケージを置きっぱなしにするのはもちろんＮＧですし、ヒーターなどの保温器具は必ずそろえるようにしましょう。

STAFF

MAIN WRITING
野上明子

WRITING
狩俣俊介
中村剛司

PHOTOGRAPH
蜂巣文香

DESIGN
青木貴子

EDIT
ナイスク（http://naisg.com/）
松尾里央
阿部真季

撮影協力
早瀬川智
（ピッコリアニマーリ
http://www.kotoriyasan.com/）
早瀬川環
原忍
水田みゆき
やべともこ

SPECIAL THANKS
石川奈々生・稲冨千絵・
江口咲百合・刑部直子・
加賀美マリコ・春日広美・
草野冴香・斉藤秀雄・
佐竹秀敏・関谷令子・
中津留美穂・藤浦美穂・
藤沢詠治・藤嶋葉子・
松本理恵・道上ゆかり・
矢島恵・吉見祥子・
渡辺亜矢子
とインコのみな様

インコへの愛《あい》が
ギューッと深《ふか》まる「あるある」
うちのインコ

NDC 646

2013年3月31日　発　行
2014年7月10日　第3刷

編　者　コンパニオンバード編集部《へんしゅうぶ》
発行者　小川雄一
発行所　株式会社誠文堂新光社
〒113-0033 東京都文京区本郷3-3-11
（編集）電話03-5800-5779
（販売）電話03-5800-5780
http://www.seibundo-shinkosha.net/
印刷所　株式会社 大熊整美堂
製本所　和光堂 株式会社

ISBN978-4-416-71341-9